Marvin Gruhn

Übersicht über etablierte Biogasentschwefelungsverfahren

GRIN Verlag

Bibliografische Information der Deutschen Nationalbibliothek:

Die Deutsche Bibliothek verzeichnet diese Publikation in der Deutschen National-
bibliografie; detaillierte bibliografische Daten sind im Internet über http://dnb.d-
nb.de/ abrufbar.

Impressum:

Copyright © 2011 GRIN Verlag GmbH
Druck und Bindung: Books on Demand GmbH, Norderstedt Germany
ISBN: 978-3-656-21632-2

Dieses Buch bei GRIN:

http://www.grin.com/de/e-book/194418/uebersicht-ueber-etablierte-biogasentschwe-
felungsverfahren

GRIN - Your knowledge has value

Der GRIN Verlag publiziert seit 1998 wissenschaftliche Arbeiten von Studenten, Hochschullehrern und anderen Akademikern als eBook und gedrucktes Buch. Die Verlagswebsite www.grin.com ist die ideale Plattform zur Veröffentlichung von Hausarbeiten, Abschlussarbeiten, wissenschaftlichen Aufsätzen, Dissertationen und Fachbüchern.

Besuchen Sie uns im Internet:

http://www.grin.com/

http://www.facebook.com/grincom

http://www.twitter.com/grin_com

Übersicht über etablierte Biogasentschwefelungsverfahren

Marvin Gruhn

I Einführung

Derzeit werden in Deutschland weit mehr als 5000 Biogasanlagen betrieben, wobei eine starke Differenzierung hinsichtlich der Größe und Art der Inputströme zu erkennen ist. Ein Großteil der Anlagen wird mit landwirtschaftlichen Reststoffen und nachwachsenden Rohstoffen (NawaRO) beschickt. Etwa 100 Biogasanlagen (> 5.000 Mg Input/a) vergären kommunal getrennt erfasste Bioabfälle sowie, zusätzlich zum Abfallrecht dem Veterinärrecht unterliegende, Speise- und Lebensmittelabfälle [1]. Schwefelwasserstoff (H_2S) wird neben Methan (CH_4) und Kohlendioxid (CO_2) im Verlauf der Methanbildungsphase durch sulfatreduzierende Bakterien gebildet:

$$organisches\ Material \rightarrow CH_4 + CO_2 + H_2S + X$$

X - weitere Spurenstoffe

In Abhängigkeit vom eingesetzten Substrat bzw. der Proteinladung des Aufgabegutes, unterliegt der Schwefelgehalt im Rohbiogas großen Schwankungen. Biogas aus landwirtschaftlichen Anlagen kann einen Schwefelwasserstoffgehalt von 100 - 3000 ppm aufweisen [2]. Je nach Verwendung des Faulgases, erfolgt eine Aufbereitung mit dem Ziel die wirtschaftlichen und ökologischen Eigenschaften der Anlage zu verbessern. Auch rechtliche Regelungen und Industrienormen (DIN, DVGW) haben Einfluss auf die Biogasaufbereitung. So wird in der 1. BImSchV ein Volumengehalt an Schwefelverbindungen von weniger als 1000 ppm für Biogas als Brennstoff in Feuerungsanlagen gefordert[1]. Soll das Biogas im Anschluss in vorhandene Erdgasnetze eingespeist werden, bedingt es weiterer Reduktionen (< 5 mg/Nm³)[2]. Nachfolgend wird ein Überblick über verschiedene am Markt verfügbare Biogasentschwefelungsverfahren (BEV) mit den entsprechenden verfahrenstechnischen Eigenheiten erarbeitet.

---

[1] 1. BImSchV (idF v. 26.01.2010) §3 Abs. 11

[2] DVGW G260

1

II Verfahrensübersicht

Die am Markt verfügbaren BEV lassen sich je nach Betrachtungsweise in verschiedene Kategorien einteilen. In Abb.1 erfolgte eine Charakterisierung anhand der den unterschiedlichen BEV zugrundeliegenden Verfahrensprinzipien.

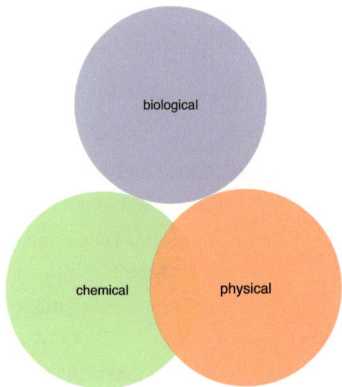

Abb. 1: Verfahrensklassen

Grundlegend lassen sich die BEV wie folgt einteilen und charakterisieren:

- chemisch adsorptive Trockenentschwefelung
- biologische Oxidation
- chemisch/physikalische Adsorption
- chemische Fällung

Eine Entschwefelung kann sowohl im Biogasreaktor selbst (intern), als auch in separaten Entschwefelungseinheiten (extern) durchgeführt werden. Ferner ist eine Einteilung in gerichtete und ungerichtete Verfahren möglich.

a) Chemisch adsorptive Trockenentschwefelung

Die chemisch adsorptive Trockenentschwefelung ist ein seit Jahrzehnten bekanntes BEV. Der Schwefel wird hierbei chemisch durch den Einsatz von Raseneisenerz gebunden und so dem Gastrom entzogen. Durch die Reaktion von Schwefelwasserstoff mit Raseneisenerz entstehen Pyrit und Wasser:

$$2\ Fe(OH)_3 + 3\ H_2S \rightarrow Fe_2S_3 + 6\ H_2O \qquad (1)$$

Die Raseneisenerzschüttung befindet sich in einem externen Entschwefelungsturm und wird von unten durchströmt. Durch die chemische Umsetzung wird das eingesetzte Raseneisenerz "verbraucht" und muss durch Oxidation mit Sauerstoff regeneriert werden:

$$2\ Fe_2S_3 + 3\ O_2 + 6\ H_2O \rightarrow 4\ Fe(OH)_3 + 3\ S_2 \qquad (2)$$

Bei der chemisch adsorptiven Trockenentschwefelung handelt es sich um ein sehr effizientes Verfahren mit dem, je nach Menge des eingesetzten Raseneisenerz, H_2S-Konzentrationen von 1 ppm erzielt werden können [3].

b) Biologische Oxidation

Durch eine geregelte Zufuhr von Sauerstoff können reduzierte Schwefelverbindungen durch spezielle Mikroorganismen (z.B. Thiomicrospira sp. und Thiobacillus sp.) oxidiert werden [4]. Dies kann sowohl im Fermenter, als auch außerhalb in Entschwefelungskolonnen erfolgen (s. Abb. 2).

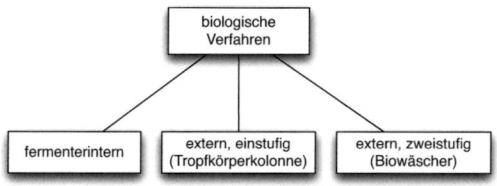

Abb. 2: Biologische Biogasentschwefelung

Bei der internen Biogasentschwefelung wird die mikrobielle Oxidation durch Einleitung von Sauerstoff in den Fermenter initialisiert. Folgende Reaktionspfade sind relevant:

$$2\ H_2S + O_2 \rightarrow 2S + 2H_2O \qquad (3)$$

3

$$2\,H_2S + 3\,O_2 \rightarrow 2\,H_2SO_3 \qquad\qquad (4)$$

In Deutschland verfügen etwa 33 % der landwirtschaftlichen Anlagen ausschließlich über Eine Entschwefelung durch die Zufuhr von Luftsauerstoff [5]. In der Literatur sind zudem Versuche dokumentiert, in denen den Mikroorganismen an Stelle von Luftsauerstoff Nitrat als Elektronendonator dient [6][7]. Extern erfolgt die Entschwefelung in separaten Füllkörperkolonnen, welche ein- oder zweistufig gestaltet werden können. Durch das Einleiten eines Waschmediums wird der Schwefelwasserstoff aus dem Rohbiogas gelöst. Zur Regenerierung der Waschlösung bedarf es einer hohen Sauerstoffzufuhr von etwa 6 % [8]. Als Folge verschlechtern sich die kalorischen Eigenschaften des Biogases. Eine zweistufige Ausführung ermöglicht eine Trennung der Schwefelwäsche von der Regenerierung der Waschlösung und führt somit nicht zur "Verdünnung" des Biogases mit Sauerstoff. Das Verfahren der zweistufigen Biowäsche eignet sich deshalb als einziges biologisches Verfahren zur Aufbereitung des Biogases auf Erdgasqualität [9]. Da es bei der biologischen Entschwefelung in Füllkörperkolonnen zu Verstopfungen durch gebildeten elementaren Schwefel kommen kann, ist der in Gleichung 3 beschriebene Reaktionspfad durch eine erhöhte Zufuhr von Sauerstoff zu unterbinden [10]. Mit Hilfe der zweistufigen Verfahren lassen sich relativ hohe Schwefelfrachten eliminieren, jedoch lassen sich solche Anlagen wirtschaftlich nur bei großen Gasströmen realisieren [9]. Externe einstufige biologische BEV ermöglichen eine Reinigungsleistung von über 99 % und gewährleisten H_2S-Konzentrationen von < 50 ppm [9]. Mittels zweistufiger Verfahren können ähnliche Reinigungsgrade realisiert werden [9][11]. Ein exemplarisches Verfahrensfließbild einer zweistufigen biologischen Entschwefelung veranschaulicht Abbildung 3.

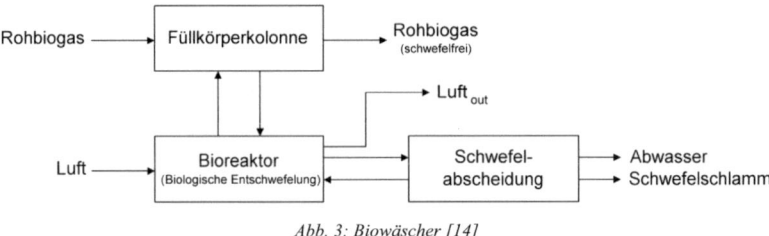

Abb. 3: Biowäscher [14]

Ein Beispiel für ein am Markt etabliertes Entschwefelungsmodul ist das *THIOPAQ®*-Aggregat der niederländischen Firma *PAQUES*.

c) Chemisch/physikalische Adsorption

Die im Biogas enthaltenen Spuren von Schwefelwasserstoff können in Anwesenheit von Sauerstoff durch die adsorbierende Wirkung von Aktivkohle entfernt werden. O_2- und H_2S-Moleküle werden katalytisch aufgespalten und anschließend in elementaren Schwefel und Wasser umgewandelt:

$$O_2 \rightarrow 2O^- \hspace{4cm} (5)$$

$$H_2S \rightarrow HS^- + H^+ \hspace{4cm} (6)$$

$$HS^- + H^+ + O^- \rightarrow S + H_2O \hspace{3cm} (7)$$

Der so gebildete Schwefel reichert sich im Inneren der Aktivkohleporen an. Das Verhältnis von Aktivkohle zu eingelagertem Schwefel kann maximal den Wert 1 erreichen, wobei in der Praxis deutlich niedrigere Werte dokumentiert werden [10]. Ist die Aktivkohle beladen und sind keine genügenden Abbaukapazitäten mehr vorhanden, muss das Füllmaterial ausgetauscht werden. Da Aktivkohle entweder ganz oder gar nicht entschwefelt, ist eine Behandlung von stark H_2S-belasteten Gasströmen kaum wirtschaftlich zu gewährleisten. Sie wird daher meist für die Feinentschwefelungen bei Beladungen von 150 - 300 ppm angewandt [9]. Durch die Möglichkeit der Volumenstrom- und Entschwefelungsregulierung durch Bypässe in der Aktivkohleschüttung, kann die Abscheidungsleistung jedoch auch angepasst werden [10]. Die Desorption der Aktivkohlepartikel erfolg bei Temperaturen oberhalb von 450 °C. Die hierfür benötigte Energie entspricht etwa 1-3 % der erzeugten Biogasmenge [12]. Ein Vorteil der Biogasentschwefelung mittels Aktivkohle ist die Tatsache, dass auch andere im Biogas enthaltene Komponenten wie Formaldehyde und Siloxane entfernt werden können [3]. Durch eine Dotierung bzw. Imprägnierung der Aktivkohle kann die Abscheidungsleistung deutlich erhöht werden. Als Imprägniermittel eignen sich u.A. Kaliumjodid, Kaliumcarbonat und Kaliumpermanganat [9]. Kaliumpermanganat ($KMnO_4$) verfügt zudem über die besondere Eigenschaft, den für die Regenerierung nötigen Sauerstoff "mitzuliefern", wobei dies praktisch kaum Anwendung findet, da die Anschaffung vergleichsweise teuer ist [14]. Rund 30 % der in Deutschland betriebenen landwirtschaftlichen Biogasanlagen verfügen über eine Biogasentschwefelung durch Aktivkohlefilterung [3].

d) Chemische Fällung

Die Fällung von Schwefelverbindungen durch Zugabe von speziellen Eisenverbindungen (Sulfidfällung) ist ein in Deutschland weit verbreitetes Verfahren zur Biogasentschwefelung. Etwa 38 % der Betreiber landwirtschaftlicher Biogasanlagen entschwefeln nach diesem Verfahren [5]. Es eignen sich verschiedene eisenhaltige Verbindungen wie $FeCl_2$ oder $FeSO_4$. Die Eisensalzbildung läuft prinzipiell wie folgt ab und wird in Abbildung 4 schematisch dargestellt:

$$Fe^{2+} + S^{2-} \rightarrow FeS \qquad\qquad (8)$$

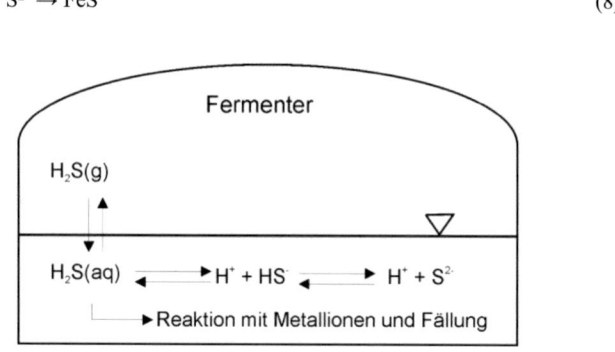

Abb. 4: H₂S-Fällung im Fermenter [14]

Zu berücksichtigen ist, dass die Metallionen stets nur mit dem in Lösung befindlichen H_2S-Anteilen reagiert. Die Dosierung der Eisenfracht wird rechnerisch durch Ermittlung des im Biogas enthaltenen Schwefelwasserstoffs bestimmt. Handelsübliche Eisenquellen sind die Präparate *Kronofloc* und *FerroSorp® DG*, wobei die Dosierungen an den vom Hersteller angegebenen Eisengehalt angepasst werden müssen [10]. Durch Sulfidfällung lassen sich H_2S-Werte von 100 - 150 ppm realisieren [9]. Besonders die z.T. sehr hohen Kosten des Verfahrens werden von Betreibern gehäuft negativ bewertet [5].

III Zusammenfassung und Ausblick

In Deutschland sind eine Vielzahl von BEV am Markt verfügbar. Biologische Verfahren und Sulfidfällung durch den Einsatz von eisenhaltigen Verbindungen eignen sich im Besonderen zur Grobentschwefelung. Durch die Adsorption an Aktivkohle kann das Biogas anschließend feinentschwefelt werden. Eine Marktanalyse aus dem Jahr 2010 zeigt, dass die biologische Entschwefelung die dominierende Technologie im Bereich der landwirtschaftlichen Mono- und Co-Vergärung ist (s. Abb. 5).

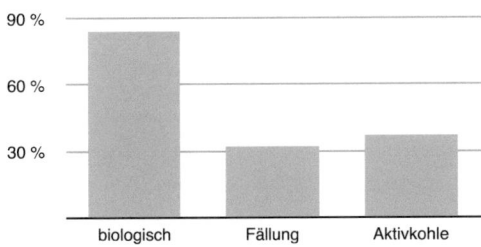

Abb. 5: Biogasentschwefelungsverfahren in der BRD [3]

Neben den verfahrenstechnischen Eigenheiten sind für die umfassende Bewertung der verfügbaren Verfahren die Investitions- und Betriebskosten von besonderer Relevanz. Tabelle A gibt einen vergleichenden Überblick.

Tab. A: Kostenvergleich - Biogasentschwefelung [3]

Typ	Verfahren	Investitionskosten [€/a]	Betriebskosten [€/a]
biologisch	intern	etwa 1.000	vernachlässigbar
	extern (1-stufig)	80.000 - 100.000	12.000
	extern (2-stufig)	etwa 160.000	etwa 8.000
chemisch	Fällung	10.000 - 15.000	2.000 - 30.000
	Turmentschwefler	etwa 100.000	etwa 1.200
physikalisch	Aktivkohle	10.000 - 50.000	4.500 - 26.000

Wird zusätzlich nach Anlagengröße und Input differenziert, lassen sich detailliertere Betrachtungen tätigen. Bei NawaRo-Anlagen bis zu einer Kapazität von 750 Nm³/h, kann eine Entschwefelung durch Sulfidfällung wirtschaftlicher als ein zweistufiger Biowäscher betrieben werden. Ist die Anlagenkapazität größer, weist der Biowäscher Vorteile gegenüber der Sulfidfällung auf [14]. Wird überwiegend Gülle verarbeitet, ist der Biowäscher schon bei weitaus geringeren Durchsätzen wirtschaftlicher. Tabelle B fasst die Vor- und Nachteile der BEV zusammen und ermöglicht so einen umfassenden Vergleich.

Gegenwärtig verwerten die meisten Anlagenbetreiber das erzeugte Biogas mit Hilfe von Gasmotoren, um so Strom und Wärme zu erzeugen und gegebenenfalls zu veräußern. Nichtsdestotrotz ist eine Tendenz hin zur Aufbereitung des Biogases auf Erdgasqualität und der anschließenden Einspeisung in vorhandene Gasnetze zu erkennen. Neben einer Vielzahl von landwirtschaftlichen Anlagen, findet dieser Verwertungsweg zunehmend Einzug in die Anlagen der kommunalen Bioabfallbehandlung[3]. Für eine Aufbereitung auf Erdgasqualität sind zweistufige biologische Entschwefelungsverfahren sowie die interne Fällung zu bevorzugen [13]. Aktivkohlefilter werden üblicherweise als nachgeschaltete Feinentschwefelungseinheiten eingesetzt.

---

[3] Biogasanlage Pohlsche Heide und Biogaspark Fulda

Tab. B: Vor- und Nachteile der wichtigsten Biogasentschwefelungsverfahren nach [3], verändert

biologisch			chemisch		physikalisch
intern	extern (1-stufig)	extern (2-stufig)	Fällung	Turmentschwefler	Aktivkohle
+ günstig + geringer Aufwand	+ hohe Reinigungskapazität + keine Korrosion im Fermenter + Zuverlässig	+ gute Abbauleistung + geringe Instandhaltungskosten + zuverlässig + keine Verdünnung des Biogases + keine Verstopfung der Füllkörper	+ geringe Investitionskosten + keine Verdünnung des Biogases + prinzipiell hohe Abbauleistung	+ zuverlässig + hohe Reinigungskapazität + hohe H_2S-Frachten möglich	+ sehr verlässliches Verfahren + hohe Reinigungskapazität + eignet sich zur Feinentschwefelung
- instabil - Heizwertverlust durch Sauerstoffeintrag - Explosionsrisiko - mögliche Korrosionsschäden im Fermenter	- Heizwertverlust durch Sauerstoffeintrag - Verstopfungen durch Schwefeleinlagerungen möglich - hohe Kosten	- hohe Investitionskosten - wenig praktische Erfahrung	- hohe Betriebskosten	- hohe Investitionskosten - wenig praktische Erfahrung - Reststoffentsorgung - Heizwertverlust durch Sauerstoffeintrag (wenn Eisenhydroxid verwendet wird)	- nur bei geringen H_2S-Frachten wirtschaftlich - relativ hohe Kosten - Reststoffentsorgung - Heizwertverlust durch Sauerstoffeintrag

Literatur

[1] Kern M, Raussen T (2011) Biogas-Atlas 2011/12: Anlagenhandbuch der Vergärung biogener Abfälle in Deutschland, Witzenhausen, 2011

[2] Weiland P (2010) Biogas production: current state and perspectives. Appl Microbiol Biotechnol 85:849-860

[3] Gayh U et al. (2010) Desulphurisation of biogas - analysis, evaluation and optimisation. In: Proceedings of Venice 2010. Third International Symposium on Energy from Biomass and Waste. 8.11 - 11.11.2010

[4] Tang K, Baskaran V, Nemati M (2009) Bacteria of the sulphur cycle: an overview of microbiology, biokinetics and their role in petroleum and mining industries. Biochemical Engineering Journal 44:73-94.

[5] Jäkel K (2007) Der Schwefel muss raus. dlz agrarmagazin 2/2007 s. 90-96.

[6] Kleerebezem R, Mendezà R (2002) Autotrophic denitrification for combined hydrogen sulphide removal from biogas and post-denitrification. Water Science and Technology 45:349-356.

[7] Díaz I et al. (2010) Performance evaluation of oxygen, air and nitrate for the microaerobic removal of hydrogen sulphide in biogas from sludge digestion. Bioresource Technology 101:7724-7730

[8] Fachagentur Nachwachsende Rohstoffe e.V. (2006) Einspeisung von Biogas in das Erdgasnetz, Leipzig, 2006

[9] Fachagentur Nachwachsende Rohstoffe e.V. (2010) Leitfaden Biogas: Von der Gewinnung zur Nutzung, Gülzow, 2010

[10] Polster A, Brummack J (2005) Verbesserung von Entschwefelungsverfahren in landwirtschaftlichen Biogasanlagen, Dresden, 2005

[11] Guoqiang Z et al. (1994) Bacterial Desulfurization of the H2S-Containing Biogas. Biotechnology Letters 10:1087-1090

[12]   Stadtmüller U (2004) Grundlagen der Bioabfallwirtschaft, Neuruppin, TK Verlag, 2004

[13]   Urban W (2010) Aktuelle Entwicklungen von Biogasaufbereitungssystemen zur Einspeisung in Erdgasnetze. In: Bio- und Sekundärrohstoffverwertung V, Witzenhausen, 2010

[14]   Urban W, Lohmann H, Girod K (2009)Technologien und Kosten der Biogasaufbereitung und Einspeisung in das Erdgasnetz: Ergebnisse der Markterhebung 2007-2008. Abschlussbericht für das BMBF-Verbundprojekt Biogaseinspeisung. Oberhausen, Leipzig, Wuppertal, Bochum, Essen, Magdeburg, Trier, 2009